Caspar Vopell

und

seine Rheinkarte vom Jahre 1558.

Von

H. Michow.

Mit 1 Karte.

Separatabdruck
aus den Mitteilungen der Geographischen Gesellschaft in Hamburg, Band XIX.

HAMBURG.
L. Friederichsen & Co.,
(Inhaber: Dr. L. Friederichsen).
1903.

Caspar Vopell*)

und

seine Rheinkarte vom Jahre 1558.

Von **H. Michow.**

In der Hamburger Festschrift zur 400jährigen Feier der Entdeckung Amerikas habe ich in dem Artikel: „Caspar Vopell, ein Kölner Kartenzeichner des 16. Jahrhunderts“ die wenigen biographischen Daten zusammengestellt, welche Vopells Zeitgenossen über ihn mitteilen; auch habe ich daselbst den in Köln vorhandenen Erdglobus Vopells in der Süd- und West-Hemisphäre abgebildet und das Erdbild desselben eingehend besprochen.

Heute handelt es sich vornehmlich um die Vopell'schen Kartenwerke, deren er drei verfasst und veröffentlicht hat, nämlich eine Welt-Karte, eine Europa-Karte und eine Rhein-Karte. Alle drei wurden zu Vopells Zeit und nachher hoch geschätzt und, wie wir sehen werden, mehrfach copiert.

Die uns überlieferten Daten über Vopells Kartenwerke stammen, soweit dieselben nicht aus seinen eigenen Karten-Legenden zu entnehmen sind, aus den Schriften seines engern Landsmannes, ebenfalls Kölner Kartographen, *Matthias Quad.* Ausser dessen „Teutscher

*) Die unmittelbare Veranlassung zur folgenden Zusammenstellung gab mir der zu Pfingsten 1903 in Köln weilende 14. Deutsche Geographentag. Ich hielt es für angezeigt, bei dieser Gelegenheit die kaum bekannten und daher wenig beachteten Sphären und Karten Caspar Vopells, des bedeutendsten Kölner Kartographen der Renaissance, am Orte seines Wirkens öffentlich auszustellen. Es gelang mir auch ca. 30 darauf bezügliche Nummern, teils Originale, teils gute Reproduktionen zu einer Ausstellung zu vereinigen, wobei mir der Ortsausschuss des Geographentages in dankenswerter Weise seinen Beistand lieh und den nötigen Platz anwies. Leider war der zu dieser Vopell-Ausstellung herausgegebene Katalog (Seite 8—12 des allgem. Ausstellungs-Kataloges), weil er mir nicht zur Korrektur zugesandt worden war, wenig brauchbar. Die Begleitworte der wichtigsten Nummern waren durch sinnentstellende Druckfehler zum Teil ganz unverständlich geworden. Es soll aber den demnächst erscheinenden Verhandlungen der Tagung eine verbesserte Ausgabe des Kataloges beigegeben werden. — Über die Schreibweise des Vopell'schen Namens siehe Hamburger Festschrift 1892 p. 5, Anm.

Nation Herligkeit" vom Jahre 1609 ist besonders wichtig eine, wie es scheint, sonst unauffindbare Schrift, die ein glücklicher Zufall mir in die Hände gespielt hat, nämlich desselben Verfassers

SVPPLEMENTVM EVROPAE
VOPELIANAE
Das ist:
Ein weiter Zusatz und Erklärung der Tafeln Europe ꝛc.

. . . .

Gedruckt zu Cölln,
In verlegung Wilhelm Lützenkirchens,
Buchhändlers daselbst.
M. D. XCVII.

von dem ich in der Hamburger Festschrift bereits den ausführlicheren Titel*) mitgeteilt und den Inhalt der Vorrede kurz skizziert habe.

Diese Vorrede des Supplementum wirkt aber nicht nur aufklärend für unsern Vopell und das Geschick seiner Kartenwerke, sondern ist auch an und für sich so charakteristisch für die Skribenten damaliger Zeit und ihre Arbeitsweise, dass wir einleitend einen Augenblick bei ihr verweilen müssen, und sie im folgenden mit der ihr eigentümlichen Rechtschreibung wörtlich wiedergeben.

Auf der Rückseite des Titels lesen wir zunächst folgendes Lobgedicht auf Europa:

An den vil günstigen liebhaber der Astronomia und Geometria.

Vil günstiger Leser, niemandt kan,
Genug beschreiben vnd zeigen an,
Das lob Europe, hie für gewalt (gemalt?),
Weil jr lob ist so manigfalt.
Wer mag jre gwalt vnd Herrn all,
Gelehrte leuth, fruchtbar Berg vnd Thal,
Jr herrliche Stätt, groß Wasserflüß,
Vnzehlich Bäw vnd feste Schlöß,
Mit billichem lob vnd preiß erheben,
Fürwar kein Wunsch in diesem leben.
Dann sie ist das beste theil der Welt.
Vor allen Landen sie den Preiß erhelt.

*) Das Titelblatt trägt über der Angabe des Druckortes Cölln einen Holzschnitt, der schon auf dem Titelblatt von Quads Europa vom Jahre 1594 und ebenso, aber etwas grösser, auf dem der 2. Ausgabe von 1596, erscheint, die Entführung der Europa auf einem Stiere darstellend.

Die nun auf den nächsten 5 ungezählten Seiten folgende Vorrede gibt uns in ihrer Unterschrift auch den auf dem Titel verschwiegenen Namen des Verfassers: Matth. Quad. Form. (scil. schneider).

Die „Vorrede an den günstigen Leser" lautet:

Es hat nicht sogar ungedultig, vil weniger unbesunnen geredt der kluge und wolerfarne Pont Horatius, da er in seiner Odis spricht: Paulum sepultae distat inertiae Caelatae virtus. Welches in unser sprach diese meinung hat. Ein verborgen Schatz ist niemants nutz, jha auch seinen eigenen Herren nit. Von wort zu wort aber laut das Latein also: Die tugent so verborgen ligt, ist nicht weit entlauffen der gantz und gar vergrabenen fauligkeit. Welches sich gar nahe an des wolgelehrten Herren Vopelii, seliger gedächtnuß, Operibus oder kunstreichen und nutzlichen arbeit auch erfunden hette. Es ist aber gegenwertiger D. Caspar Vopelius von Medebach allhie zu Cöllen ein Burger gewesen, und seine wonung gehabt vor S. Paulus in dem hause da ettlich jaren und jetzund noch ein verkeufferin innen wonet, alda er auch vor ungefehr dreissig jaren seliglichen gestorben, und hat ettlich schöne stück Wercks hinder ihm verlassen, under welchen die fürnembst und namhaffste sind: die Mappa Mundi in grossem format, auff zwölff grossen Stöcken oder Hültzenen formen verfaßt, ein herrlich stück wercks: deßgleichen die Beschreibung Europae, auff zehen und einem halben Stock verfasset, da wir hievon handeln: Item den gantzen Rheinstrom mit seinen anstossenden grentzen, auff fünff Stöck, dicht und voller arbeits, darinnen auch zur leichterer erkantnuß die antiquische namen der örter und Völcker, so wol als die heutigen mit verschiedener art Littere angezeigt, darunder auch ein besundere Relation über die Tafel mit angehenckt: Item die beide globos Caelestem und Terrestrem, mit iren Circulis, jedes uff fünff Stöck: Item ein Astrolabium novum varium ac plenum das auff alle Landtschafften dirigiert werden, beide den Mathematicis und Medicis sehr nutz, in fünffzehen Stöck und auff acht bogen gedruckt, darunder auch ein kleine artige Mappa Mundi ins runde gelegt ist. Item ein wolgestalte und ordinierte Laßtaffel für den Medicis und Chirurgis, auff dreyen Stöcken. Und ist wol zu vermuthen, das dergleichen Opera von ihm seindt hinderlassen, welche (wie sehr offt zu geschehen pflegt) entweder ahn unverstendige oder sonst unachtsame Erben gerathen, die es auß unverstandt entweder verwahrlosen oder gar vernielen (verlieren?) oder doch lange zeit verborgen hinder den bäncken ligen lassen, bis das ungefehr einst durch Gottes schickung ein Kunstverständiger oder liebhaber darüber kompt der sich ihrer erbarmt und sie widrum auß der Gefengnuß ans liecht bringt. Und hat sich hierin trewlich bewisen der Ehrsame Willhelm Lützenkirchen Burger und Buchhändler alhie zu Cöllen, welcher die obgemelte Opera Vopeliana sampt noch andere seine Stock, so nun vil jaren allhie verborgen gelegen, den Erben oder besitzern, abkaufft, damit sie gemeiner Teutscher und gantzer Europischer Nation zu nutz wider getruckt und verhandelt wurden. Dieweil aber heutigs tags sehr gebräuchlich wirdt, einige Commentaria oder sunst Topo und Historiographische Enarrationes dabey zu fügen, damit dem Leser und beschawer vollkomlicher gedient sein möchte; als hat auch gegenwertiger Willhelm von mir begert bey seine Europische Charta ein kleines Büchlein zu machen, in welchem die Europische Länder, wol nicht zum uberfluß, doch nach notturfft beschriben weren. Welches sein ehrlichs begeren ich nach meim geringen vermögen, auch nach gelegenheit der kurtzen zeit, und anderer meiner nötigen geschäfften, nicht hab können außschlagen. Hab derwegen auß anderen Authoribus hin und wider dasselbige so zu diser sachen dienlich außgezogen, und in ein richtige ordnung durch Capitteln abgetheilt. Haben auch hindenan zum uberfluß eine Beschreibung der vier fürnembsten Stätten Europae mit angehenckt. Dabey wir dann freuntlich wollen begeret haben es wolle sich niemandt solches irren lassen, das wir Cölln die vierte gesetzt haben, da mancher sunst Pariß, Meyland, Gent, Londen, Antwerp, Prag oder einige andere wer verwartent gewesen, dann ob wol Trier, Worms, Zürch, Genua in den alten Historien mehr gemelt werden, so ist doch heutigs tags keine, so der Statt Rom von erster auffkunfft neher verwandt seye als dise, auch dieweil diese Vopelische Mappen hiebinnen anfänglich gearbeitet und nun noch gedruckt werden, ists auch billich, das wir den Spruch helffen war machen: Proximus quisque sibi, so lang als solches nur sine damno alterius geschicht. Zu dem haben wir hiemit auch nur ein versuch wollen thun. Dann im fall wir befinden werden, daß der Leser an diser unser geringen arbeit ein gefallens haben werde, wir gäntzlich des fürhabens seindt auf den Rheinstrom Vopelij mit Gottes hilff fürnemen, und alle die fürnembste Stätt so darauff und noch bey gelegen sindt, auffs fleissigst zubeschreiben. Nun damit ich wider zu unserer Europa komme, so kan ich an mir selbs wol abnemen, wie das wol mancher seye, so in speculierung und durchwanderung der Charten wol ein guten gefallen hat, wirdt aber hergegen widerumb verdrüssig, wann er uberall ein Scalam militarium siehet stehn, und derselben keinen brauch weiß. Ob es nun wol ein sehr geringe und schlechte wissenschafft ist, also das es auch ein ungelehrter verstehn und gebrauchen, ists gleichwol vilen zu vergeben, dieweil es schwerer und tieffsinniger scheint zu sein, als es in der warheit ist. Will derhalben dem unerfahrnen die underrichtung mit einem Exempel geben, nach dem er sich dann in andern auch wirdt zu Regulieren wissen: Nim ein Circkel, spann in auff, setz einen fuß in das o der statt Wormbs [und den andern fuß in das O der statt Cölln*)] und setz dann den Circkel unverruckt auff eine Scala von was meilen du wilt, setzest ihn auff die gemeine Teutsche meilen, wirst du befinden, das zwischen beiden füssen 34. gemeine Teutsche meilen stehen und so fehrn sind gemelte Stätt in der richte von einander gelegen. Oder auff dise weise (ich rede jetz von der Scala in urserm Europa, nach dem wirstu dich dann in andern Chartis und Scalis auch wissen zu halten) thu deinen Circkel auff daß er gleich 10. kleine Teutsche meilen zwischen beide spitzen begreiffe, setz alsdann den einen fuß in das punct oder aug der statt Lissebon, und gang dann mit den füssen des Circkels also schnur recht forth auf Compostella, und zehle wie manchen schritt du thust, so wirst du gleich neun finden, ist nun jeder schritt zehen kleiner meilen, so muß folgen, das die neun schritt auch neuntzig derselben meilen machen, und im zweiten schritt wirst du Conimbriam treffen, ist ein gewiß zeichen das Conimbria von Lissebon zwentzig, von Compostella aber sibentzig kleine Teutsche meilen gelegen seye. Und wie es nun vil kompt, das in den alten Historien die weg und distantien vil durch die Stadia vermeldet und ahngezeigt werden, so hat der günstige Leser in gegenwertiger Mappa Vopelij ein schöne und verständige abtheilung und vergleichung der Stadien, Welschen meilen, Hispanischen meilen, grossen, kleinen und mittelmessigen Teutschen meilen, das man es nit wol so verständig mit worten solte darthun, als mans daselbst vor augen sehen und mit dem Circkel messen kan, drumb wir auch den Leser dahin wöllen religiert haben, alda wirt er sehen das ein Stadium 125. schritt begreifft, gahn nun 8. Stadia auff ein Italianische meil, muß nothwendig folgen, das ein Italianische meil, muß nothwendig folgen, das ein Italianische meil auch 1000 schritt begreifft, und so vier Italianische oder Welsche meilen ein gemeine Teutsche meil geben, muß folgen das 32. Stadia, unnd hergegen auch 4000. schritt auff ein gemeine Teutsche meil, und also kanstu in proposition alle weg und meilen duplieren, medieren, multiplicieren nach deinem gefallen oder deins fürhabens gelegenheit. So auch jemandts were der aller heutigen und antiquischen massen groß und klein, beiden Astronomischen unnd Geometrischen gern einen vollkommen unnd uberflüssigen bericht haben wolte, derselbe besehe das Itinerarium Sacrae Scripturae das ist Reißbuch uber die gantze H. Schrifft, durch Henricum Buntig, Pfarrherrn der Kirchen Grunaw im Lande zu Brunswigk, und getruckt zu Magdeburg bey Paul Donat. Wöllen derwegen den guthertzigen Leser hiemit gebetten haben, er wölle dise unsere geringe arbeit im gefallen lassen, oder jha nicht zum ärgsten auffnemen, und wo hie und

*) Die eingeklammerten Worte sind im Texte ausgelassen, aber am Ende des Büchleins nachgetragen worden.

dort im Truck etwas würde versehen sein, solches nach seinem besten vermögen oder gefallen corrigiere, dann uns die zeit der Franckforter Messen also hart auff dem halse gelegen, das da keine weil war den Truck zu uberlesen, wie wir dann solches gegen jederman zuverschulden allzeit geneigt sindt. Geloben auch, wofehrn wir anderer unserer nothwendiger arbeit einsmals etwas werden erleichtert, unnd dises gleichen uns wider zu thun fürfallen würde wirdt, wir alßdann in früher zeit und fürsorg so für zukommen, daß, wo etwas hierinnen verseumet, in jhenem wider verbessert werden möge. Wöllen hiemit alle Europische Inwohner, sonderlich aber unsere liebe gutherzige Landtsleuth der Teutschen Nation in den gnädigen schutz unnd schirm Gottes befehlen. Cölln den 10. Mertz stilo reformato. Im Jar nach der geburt Christi unseres einigen Seligmachers 1597.

Matth. Quad. Form.

„Merck.

Dieweil es sich begibt, das mancher im reisen oder sonst spatzieren gehen, wol diß Büchlein bey sich haben, und nach gefallen durchlesen kan: wofehrn er aber alsdann im lesen gern nach eines Riviers, Flecken oder Statt unnd gelegenheit sehen wolte, die grosse Mappa unbequem seyn würde mit zuführen, so haben wir diese kleine Mappam, so in Kupffer auffs correcst gearbeitet, hiemit eingeleibet, damit der Leser auch stracks im lesen vor augen habe, wo er diese oder jhene Statt in der Mappen ligen habe."

Hierauf folgt in unserm Büchlein eine Seite Inhaltsverzeichnis; dann beginnt mit Bogen L die Beschreibung Europas. In der zunächst folgenden Einleitung dazu, auf der 1. gezählten Seite, wird noch einmal des Autors Vopelius gedacht, dass er nämlich eine »Charte der Welt aufs genauste gemacht«.

Die Beschreibung Europas, einschliesslich genannter Einleitung, umfasst in Wirklichkeit 134 Seiten, die letzte Seite führt aber die Zahl 105 (siehe hierüber weiter unten!)

Aus der oben mitgeteilten Vorrede erfahren wir ausser einer sorgfältigen Aufzählung und Charakteristik der Vopell'schen Sphaeren und Kartenwerke (einschliesslich einer Aderlass-Tafel), dass Vopell's früher Tod und das Zufallen seiner Holzschnitt-Tafeln an unverständige Erben, seinen Namen und seine Werke haben in Vergessenheit geraten lassen; ferner, dass Jahrzehnte nach Vopell's Tode der Kölner Buchdrucker, *Wilhelm Lützenkirchen* die Vopell'schen Holzstöcke erworben habe, in der Absicht, dieselben zum Nutzen der Mitwelt von neuem herrauszugeben, und dass er den *Matthias Quad* beredet habe, zunächst zu der Europa-Karte einen Kommentar zu schreiben, ferner, dass M. Quad sich dieser Arbeit unterzogen und zu der

Beschreibung Europas eine solche von den 4 wichtigsten Städten Europas angefügt habe, ferner, dass er aus Lokalpatriotismus für Köln und den Kölner Kartographen Vopell genannte Stadt, vor andern grösseren, unter jene 4 wichtigsten Städte aufgenommen habe, ferner, dass Lützenkirchen beabsichtigt habe, falls jenes Unternehmen Beifall finde, auch die Vopell'sche Rheinkarte in ähnlicher Weise wieder auferstehen zu lassen. Ferner gibt Quad eine ausführliche Anweisung, wie mit Hilfe der aufgezeichneten Masstäbe der Leser auf Vopells Karte Distanz-Messungen vornehmen könne; und in dem »Merck« überschriebenen Post-Scriptum teilt Quad mit, dass er zum bequemeren Gebrauche statt der grossen in 10½ Stock geschnittenen Vopell'schen Karte eine kleine Copie derselben in Kupfer gestochen und dem Büchlein beigegeben habe.

Diese die ganze Vorrede beherrschende Verherrlichung der Vopell'schen Karte, dazu der Kopftitel des Büchleins »Supplementum Europae Vopelianae« liessen vermuten, dass der auf jene Vorrede folgende Text ausdrücklich auf die Vopell'sche Europa-Karte müsse zugeschnitten sein, und es war immerhin zu verwundern, dass nie bei den Zeitgenossen Quads von diesem seinem Europa-Kommentar mit der verkleinerten Europa-Karte Vopells die Rede ist. Auch das in meinem Besitz befindliche Exemplar des Supplementum ist weder von der versprochenen Karte begleitet, noch zeigt es irgendwelche Spuren davon, dass ihm jemals eine Karte beigefügt gewesen sei.

Vergleicht man aber den Text unsers Supplementum mit dem Texte des allbekannten Enchiridion cosmographicum Matthias Quads, welches bei demselben Wilhelm Lützenkirchen in Köln schon im nächsten Jahre 1598*) erschien, so ergibt sich Folgendes: Der Text unsers Supplementum, der wie der Zusatz Europae Vopelianae als auch das oben mitgeteilte Lobgedicht zeigt, ursprünglich auf Europa beschränkt bleiben sollte, ist ein Jahr später von Quad einfach als Text für das Europa seines Enchiridion übernommen worden und zwar mit allen Druckfehlern und der falschen Seitenzählung,**) der Titel

*) Dem Biographen Matthias Quads, *Friedr. Joh. Hildebrand* (Frankenthal 1892) ist weder unser Supplementum Europae Vopelianae bekannt, noch auch die Ausgabe des Enchiridion von 1598, sondern von diesem die auch sonst immer nur zitierte Ausgabe von 1599. Das mir vorliegende Exemplar des Enchiridion [Stadt-Bibliothek Hamburg] trägt bei sonst wörtlicher Übereinstimmung mit der Ausgabe von 1599 auf dem Titel die Jahreszahl 1598.

**) Die verkehrte Paginierung in unserm Supplementum sowohl wie in dem Enchiridion von 1598 und 1599 verläuft in folgender Weise: Die Seiten 1 bis 28 sind richtig gezählt, statt 29 steht fälschlich 28, statt 36 steht 34, statt 37 steht 35, statt 40 steht 38; die Seiten von 41 bis 80 sind wieder richtig; von 81 bis zum

aber ist gänzlich umgestaltet, dem kosmographischen Charakter des Enchiridion angepasst, statt des dortigen Holzschnittes (Entführung des Europa) ein anderer, das Zimmer eines Kosmographen darstellend, dem Titel eingefügt; statt der oben mitgeteilten Vorrede, die speziell sich mit Vopell beschäftigt, eine ganz allgemein gehaltene kürzere, vom 1. September 1598 datirt, vorausgeschickt und eine 8 Seiten lange »Ausslegung von der erschaffung und gelegenheit der Welt« hinzugesetzt und dabei als Verfertiger von Weltkarten wohl die Namen Münsterus, Ortelius, Wagener, Boterus, nicht aber Vopelius genannt, der doch ebenfalls eine Weltkarte verfertigt hatte, die nicht nur 2 Ausgaben erlebt hatte, sondern auch mehrfach nachgedruckt worden war (siehe weiter unten bei Girava und Vavassore!).

Die ersten 103, richtiger 133, gezählten Textseiten des Enchiridion stimmen, wie schon gesagt, wörtlich mit dem Supplementum überein, nur die letzten 3 Zeilen auf Seite 103 (133) sind, aber ohne Textveränderung, etwas umgedruckt worden, weil sie den 1. Teil des Enchiridion beschliessen, während im Supplementum auf p. 103 (rectius 133) noch folgender eigner »Beschluss« folgt:

„Allhie hat der geliebte Leser auffs kürtzste vonn den vier fürnemsten Stätten, so oben angezeigt, vernommen, woher sie ihren ursprung haben, auch stercke, gebäw, hantierung und gewerb zu Wasser und zu Landt treiben. Neben dem auch wie die Chur und Fürsten, die Römischen König und Keyser erwehlet, bestethiget und gekrönet werden. Christus der Fürst aller Fürsten, und König aller Königen, wöll seine genad und segen geben, das die arme Christenheit in diesen letzten betrübten zeiten durch weise und Gottsförchtige Potentaten also geregiert werde, das die Ehr seines H. Göttlichen Namen dardurch gefürdert, und der armen Underthanen Heil und Wolfarth an Leib und seel dadurch gehandthabt werde. Amen. — Ende dieses Büchleins."

Schon diese letzten Worte bezeugen, dass die Absicht bestanden hat, das Supplementum als Kommentar zu Vopells Europa-Karte separat erscheinen zu lassen. Es ist aber, bei der Erhaltung zahlreicher Exemplare der übrigen Quad'schen Schriften, wohl der Vermutung Raum zu geben, dass die Herausgabe des Supplementum niemals perfekt geworden ist, denn schon vom 1. September 1898

Schluss (103) sind alle Zahlen erst um 10, dann um 20, schliesslich um 30 zu klein, so dass statt 103 stehen müsste 133, und die letzte Seite des Supplementum, resp. des Europa im Enchiridion, 134 statt 105 heissen müsste. Im Enchiridion, das ja alle Erdteile umfasst, setzt sich dann der Fehler fort, wird aber schliesslich sogar überholt, indem die Seiten 131 bis 158 fehlen und das Ganze mit Seite 266 statt mit 258 schliesst.

datiert die Vorrede des Enchiridion, und im gleichen Jahre erscheint es selber mit Nachbildungen Mercator'scher Karten. Vopell ist vollständig abgetan, und derselbe Text, der als Supplementum Europae Vopelianae dienen sollte, begleitet jetzt die Karten Mercators, die wesentlich von denen Vopells abweichen.

Es lag gewis im geschäftlichen Interesse des Verlegers *Lützenkirchen,* dass er schnell zu dem Autor übersprang, dessen Karten einen reichlicheren Absatz versprachen, und *Matthias Quad* sekundierte ihm.

Das Allermerkwürdigste aber ist, dass *Quad* in seiner »Teutschen Nation Herligkeit« von 1609, wo er alle übrigen Werke Vopells namhaft macht, nur jener Karte von Europa, deren Lob er gesungen, und die er einst selber hatte herausgeben wollen, mit keiner Silbe Erwähnung tut. Schämte er sich wohl seines Vorgehens vom Jahre 1598?

Als Plagiator einer andern Karte Vopells werden wir dem Matthias Quad weiter unter begegnen.

Was nun zunächst die Globen und andern Sphären Vopells anbelangt, so habe ich die in der Hamburger Festschrift von 1892 gegebene Aufzählung in folgender Weise zu ergänzen:

Ausser den in Köln vorhandenen 3 Globen (1 Erd-, 2 Himmelsgloben) ist noch ein Erdglobus bekannt. Er befindet sich auf dem Museum Carolino-Augusteum in Salzburg.*) Wie die mir gewordenen Mitteilungen vermuten lassen, stimmt derselbe sowohl im Erdbilde als auch in der Grösse (ca. 28 cm Durchmesser) mit dem Kölner überein, ist aber weniger gut erhalten, sodass seine Verschickung nach Köln zur Vopell-Ausstellung, Pfingsten 1903, nicht riskiert werden durfte.

Der Salzburger Globus trägt genau die Titel- und Autor-Legenden wie der Kölner, nur statt 1542 die Zahl 1544. Auch ist er Handzeichnung, eine neue Ausgabe des Kölner Globus, da die Titel-Kartusche noch ornamentale Anhängsel zeigt, die dem Kölner fehlen.

Als Vopell'scher Globus, oder besser gesagt, als Kopie eines solchen, weil er nicht signiert ist — Vopell brachte seinen Namen

*) Wie mir der Kustos des Salzburger Museums, Herr *A. Haupolter,* freundlichst mitteilt „hängt unten an der Autor-Kartusche eine andere, leere; und auf estererer halten ein Löwe und ein Greif ein zweigeteiltes Schild, dessen oberes Feld in Rot 3 Kronen zeigt, indes das untere nur durch ein einfaches Ornament ausgefüllt ist."

stets recht deutlich an — gilt auch der Globe doré in Paris, cf. Harrisse, Discovery of North America, tab. XXI; doch müsste er dann wohl aus einem späteren Jahre, als 1528, wie dort geschehen ist, datiert werden.

Zu den beiden in der Festschrift von 1892 erwähnten Ringkugeln aus Hamburg und Kopenhagen ist noch eine dritte gekommen, im Besitz des Herrn Forstinspektors *J. A. Frey* in Bern. Dieselbe hat in der Festschrift der Münchener Geographischen Gesellschaft von 1894 eine ausführliche Beschreibung durch Herrn Prof. *J. H. Graf**) in Bern gefunden.

Was die Vopell'schen Karten betrifft, so ist zunächt zu konstatieren, dass von seiner grossen Weltkarte in 12 Blatt bisher ein Original nicht aufgefunden worden ist.**) Die von *Nordenskjöld* in seinem Facsimile-Atlas als Original bezeichnete Karte, befindlich in der Hauslab-Sammlung Sr. Durchlaucht des Fürsten *von Lichtenstein* in Wien, ist ein Nachdruck des Italieners *Vavassore* vom Jahre 1558, über dessen Plagiat sich Vopell in einer Legende seiner Europa-Karte (siehe weiter unten!) mit folgenden Worten beklagt: »... Sed hoc te latere nolo, mi Cand. Lect. illam inquam universalem Coloniae Agrippinae aqud nos caelatam, et Anno 45. primum aeditam, ille bonus vir Joannes Andreas Vavassorius, caelator Venetus, homo plane bonarum artium ignarus (id quod typus ostendit) et ex alienis laboribus sibi emolumentum comparans, discidit, caelavit quoque, et Venetiis impressit, deprauauit adeo, ut lectu indignam judicemus etc. Haec paucis tibi significare voluimus. Sed hac de re alias latius.«

Bei der kolossalen Grösse der Wiener Karte ist wohl anzunehmen, dass Vavassore die Vopell'sche Karte, soweit er dessen fähig war, genau kopiert hat. Sie besteht aus 12 Blatt, jedes zu 36,5 × 48 cm, im ganzen also 110 × 192 cm, und ist in einer der Apianschen ähnlichen herzförmigen Projektion***) entworfen. Die 12 Blatt liegen zu je 4 nebeneinander von O. nach W., also 3 Reihen übereinander von S. nach N. Die Bl. 1 bis 4, 8 und 10 bis 12 sind, wahrscheinlich infolge von Behandlung mit Chlorkalk stark verbrannt und nur 4 Bl. einigermassen intakt. Die schadhaften 8 Bl. sind stark gebräunt und sehr brüchig, sodass es bisher nicht möglich war, eine brauchbare Kopie davon zu nehmen.

---

*) Die von Herrn Prof. *Graf* bei dieser Gelegenheit gegebene Notiz, dass C. Vopell auch eine Kosmographie verfasst habe, die erst 1686 in Antwerpen gedruckt worden sei, scheint apokryph zu sein; auf meine Nachfrage schrieb Herr Prof. Graf: „Ich habe nachgeforscht und kann mich nicht mehr erinnern, woher ich die fragliche Notiz hatte."

**) Siehe hierzu aber die Nachschrift dieses Artikels!

***) Der Radius des Äquators auf der Wiener Karte beträgt das Dreifache der Pol-Distanz.

Eine obere Legende lautet: »Nova et integra universalisque orbis totius juxta Germanam neotericorum traditionem descriptio«; am untern Rande steht: »Gaspar Vopellius Medeb. 1558 Mathemati. Conscripsit.« Vavassore hat also die Autorschaft Vopells für diese Erdkarte voll anerkannt, wie auch die folgende Legende, in der linken Ecke befindlich, zeigt: »Diuo Carolo et Roman. Imperatori semper August. ac. Germ. Hispan. utriusq. Siciliae, Hierus. Hung. Dalm. Canar. India . . . insularum Terra firma z. c. Regi gratitudinis ergo dicauit Gaspar Vopellius Medeb.“ Eine Legende rechts lautet: »Impressum Venetiis per Joannem Andriam Vavassorium Cognomine . . . (vadagninum?); *) ausserdem zahlreiche, rot eingerahmte Legenden, z. B. in S.-America: »Inuenta Anno 1497 per Christophor Columbu Januensem, ex mandato regis Castelli.«

Vopells Weltkarte hat auch seinerzeit Anerkennung gefunden. *G. Breusing,* in seinem »Leitfaden durch das Wiegenalter der Kartographie«, Frankfurt a/M. 1883, schreibt p. 9: »Die Karte von dem bedeutenden Kölner Geographen Caspar Vopellius aus Medebach gehört leider zu den verschollenen, was umsomehr zu bedauern ist, als sie im Auslande sehr hochgeschätzt wurde und so fachkundige Kartographen wie Ruscelli, Blandeville und Wright sie einer Besprechung wert gehalten haben.« Breusing datiert die Karte fraglich aus 1540; aus der oben zitierten Legende der Europa-Karte wissen wir jetzt, dass sie erst 1545 erschienen ist.

Erhalten ist uns ausserdem eine stark verkleinerte Kopie der Vopell'schen Weltkarte, welche nach Nordenskjölds Angabe der grossen Wiener Karte genau entsprechen soll. Es ist dies die Weltkarte, welche der spanische Kosmograph *Girava* seiner Kosmographie beigab. Der Titel dieser Schrift lautet: Dos libros de Cosmographia compuestos nueuamente por *Hieronymo Girava* Tarragones, Milan 1556. Die Karte ist selten, findet sich auch in wenigen Exemplaren der ed. II von 1570. Nordenskjöld gibt ein Facsimile in seinem Atlas Tab. XLV. Die Karte (40,5 × 28 cm) trägt oben die Inschrift: TYPO DE LA CARTA COSMOGRAPHICA DE GASPAR VOPELLIO MEDEBURGENSE. Den untern Rand des Kartenblattes bedeckt eine Legende in spanischer Sprache mit folgenden auf Vopell bezüglichen Worten: »en la traca hetenido mucha cuenta

*) Von demselben Vavassore gibt es eine bisher nicht publizierte Weltkarte, oval 52 × 37 cm, die wohl aus der Zeit vor Vopell stammt. Eine Photolithographie des auf der Pariser Bibliothèque Nationale befindlichen Exemplares hatte ich in Köln mit ausgestellt. Die Karte trägt die Legende: „Opera di Giovanni Andrea Vavassore ditto Vadagnino.“ Exemplare stehen für 4 *M.* zur Verfügung.

con la carta de Gaspar Vopellio, por ser una de las que hasta agora se hallan bien tracadas y entendidas. Y assi sera esta, casi como un Retrato de aquella . . . .« die Karte soll also der Vopell'schen zum Verwechseln ähnlich sein.

Vopells Europa-Karte*) von 1555, welche nach Ausweis des Kölner Rats-Protokolles dem Vopell ein Geschenk von »10 daler« eingebracht hat, ist leider bisher nicht aufgefunden worden. Auf der Bibliothèque Nationale in Paris befindet sich aber ein Exemplar der 2. Ausgabe von 1566, bei deren Vorbereitung, im Jahre 1561, Vopell vom Tode überrascht wurde. Sie ist erst 1566 in Antwerpen durch *Bernart van den Putte* als Holzschnitt gedruckt worden. Sie besteht aus 3 Reihen zu je 3½ Blatt nebeneinander, im ganzen also 10½ Blatt, wie Quad schreibt: »auf zehen und einem halben Stock verfasset.« Leider fehlt aber dem Pariser Exemplar die 2. Sektion der 2. Reihe, d. h. der grösste Teil von Frankreich und ein Teil von Deutschland; diese Sektion ist jedenfalls in früher Zeit, denn sie fehlt schon seit Jahrhunderten, als Reisekarte entnommen und nicht wieder eingeliefert worden.**)

Die Kartenblätter sind etwas ungleich, ohne Bordüre 40,2 bis 42,5 cm lang und 32 cm breit; die halben Blätter 14,5 × 32 cm. Um das Ganze läuft eine schöne Bordüre mit allerlei figürlichen Darstellungen, pflanzlichen und tierischen Ornamenten, die teilweise zierliche Rundbilder biblischen Inhalts einfassen. Nur die obere Bordüre enthält folgende Inschrift: POTENTISS, AC INVICTISS, PRINCIPIBVS ET DOMINIS D. CAROLO QVINTO ET FERDINANDO SACRI ROMANI IMP, MONARCHIS SEMPER AVGVSTIS ETC, DICAVIT CASPAR VOPELIVS. Die Titel-Legende (auf skandinavischem Boden, zu oberst) lautet: EVROPÆ/ PRIMÆ ET POTISSI/MÆ TERTIÆ TERRÆ PARTIS/RECENS DESCRIPTIO/ . . . . Caspare Vopelio Medebach Mathematico authore.

Eine grosse Anzahl weiterer Legenden allgemeinen wie lokalen Inhaltes sind überall angebracht. Am wichtigsten ist jedenfalls die oben bereits zitierte Legende, in welcher Vopell sich über die Nachbildung seiner Weltkarte beklagt; die sonst leeren Meeresräume sind

*) Siehe auch hierzu die Nachschrift dieses Artikels!

**) *Nordenskjöld* erwähnt diese Karte ebenfalls in seinem Facsimile-Atlas p. 126; er hat aber nicht bemerkt, dass eine Sektion fehlt, und spricht von 10 Blatt, zählt das eine halbe Blatt als voll; es sind nur noch 9½ Blatt vorhanden, indem die halben Sektionen der beiden untern Reihen auf ein und demselben Holzstock geschnitten und gedruckt, in dem Pariser Exemplar noch zusammenhängen, also noch nicht zum richtigen Ansetzen von einander getrennt worden sind, mithin scheinbar 1 Blatt bilden.

mit allerlei heraldischen Ornamenten, z. B. einem grossen von Blumengirlande eingefassten Reichsadler ausgefüllt. Die Karte ist nur an den Seiten graduirt, ohne dass die Parallelen ausgezogen sind; ebenso zeigt sie die Einteilung in Klimate.

Wir kommen zu dem Hauptwerke Vopells, seiner

Rheinkarte.

In der Hamburger Festschrift von 1892 sprach ich es als zweifellos aus, dass 2 mir vorliegende Rheinkarten, von *Theodor Bry* und von *Franz Hogenberg,* beide undatiert, Kopien der verschollenen Vopell'schen Rheinkarte seien, von der Quad schreibt: »Item den gantzen Rheinstrom mit seinen anstossenden grentzen, auff fünff Stöck, dicht und voller arbeits etc.« und von welcher es im Kölner Rats-Protokoll vom 18. März 1555 heisst: »Caspar Vopell hat eim rath cartam und descriptionem Reni zugeschriben und presentirt, ist verdragen, ime 8 daler zu schenken.«

Gründe, weshalb jene 2 im Masstabe sehr verschiedenen Karten einer und derselben Quelle entstammen mussten, waren zu einleuchtend, als dass ein Zweifel aufkommen konnte, und diese gemeinsame Quelle konnte nur die vermisste Vopell'sche Karte sein, die allein im 16. Jahrhundert von den Zeitgenossen als Rheinkarte genannt und gerühmt wird. Ich forschte der Sache weiter nach und fand bei Gelegenheit des Internalionalen Geographen-Kongresses in London auf dem British Museum meine Vermutung glänzend bestätigt, denn dort fand ich*) eine mit der obengenannten Karte ebenfalls übereinstimmende Rheinkarte, einen Kupferstich des *Jacob von der Heyden,* der ehrlich genug gewesen, in der Titel-Legende die Autorschaft *Vopells* anzuerkennen und ausdrücklich auszusprechen. Im vorigen Jahre fand ich unter den Schätzen der Bibliothèque Nationale in Paris sogar 3 Exemplare der Heyden'schen Karte (siehe weiter unten!)

Während ich so in der Ferne den Spuren Vopells nachging, fand im Sommer 1902 Herr Dr. *W. Ruge*-Leipzig, der im Auftrage der Kön. Ges. der Wissenschaften in Göttingen sich auf einer literarischen Sammelreise befand, auf der Grossherzoglichen Bibliothek in Schwerin das Vopell'sche Original, die 2. Ausgabe von 1558.

---

*) Eine einfache Durchsicht des Kartenkataloges des British Museum oder der Richter'schen Bibliographia Germanica, in welche die Deutschland betreffenden Karten jenes Kataloges aufgenommen sind, würde zu keinem Resultate geführt haben, da in beiden bei der Aufführung der Heyden'schen Karte, die doch Vopells Autorschaft an der Stirne trägt, des Letzteren Name sorgfältig verschwiegen wird.

Die Karte ist wohl erhalten, auf Leinewand gezogen, hat allerdings im Laufe der Jahrhunderte manchen Wasserschaden erlebt, der sich sowohl auf der Karte als auch besonders in dem unten angeklebten Textstreifen in Flecken bemerkbar macht.

Sie ist ein Holzschnitt, aus 5 Stöcken zusammmengesetzt, wie Quad schreibt. Sie ist ein von SSO nach NNO aus dem Rumpfe Europas herausgeschnittnes Rechteck, mit Seitenlängen im Verhältnis 1:4; es hat die Grösse 150,4 × 37,6 cm, die einem Masstabe von etwa 1:550 000 entspricht, ist nach WSW orientiert und umfasst das ganze Rheingebiet, mit alleiniger Ausnahme des Mainlaufes, in einheitlicher Fassung ohne wesentliche Verzerrung der Flussläufe. So sehen wir am oberen, dem WSW-Rande der Karte entlang die Orte: Antwerpen mit dem östlichen Bogensegment der Schelde, ferner Mecheln, Loewen, Namur, Metz, Biel, Bern, Thun; am entgegengesetzen, untern Rande Ulm, Wimpfen, Frankfurt, Siegen, Dortmund, Groningen; als äussersten Punkt am linken Ende Finstermüntz, während am rechten Ende der Karte die ganze holländische Küste mit den Westfriesischen Inseln sichtbar ist.

Einschliesslich einer breiten Randleiste hat die Karte die Grösse 155,3 × 42,7 cm, mit dem unten angehängten Texte die Höhe von 55 cm.

Die Karte trägt, von der obern Randleiste eingefasst, als eine fortlaufende Reihe in Majuskeln von 1 cm Höhe folgende, in späteren Nachbildungen mehr oder weniger wörtlich wiederkehrende Überschrift: »RECENS ET GERMANA BICORNIS AC VVIDI*) RHENI OMNIVM GERMANIÆ AMNIVM CELEBERRIMI DESCRIPTIO, ADDITIS FLVMINIB. ELECTORVM PROVINCIIS, DVCAT. COMITA. OPPI. ET CASTRIS PRÆCIPVIS, MAGNA CVM DILIGENTIA AC SVMPTIB. COLLECTA, AVTORE CASPARE VOPELIO MA.«

Ausserdem tragen sämtliche drei Legenden der Karte den Namen des Autors, erstlich die Widmungs-Legende: »Reuerendiss. in Christo Patribus & Illustrissimis, sacri Romani Imperii Electoribus, reliquisque totius Rhenani tractus Ducibus & Dominis, Dominis suis gratiosissimis, ergo, dicauit *Caspar Vopelius* Mathem.«

Eine zweite Legende gibt eine Anweisung, mit Hilfe des Kompasses und der beigegebenen Meilen-Masstäbe sich auf der Karte zu orientieren: »Non inconueniens fuerit hoc loco paucis ostendere, in quam mundi plagam quilibet locus ab altero vergat et quot miliaria

*) Wegen der Bezeichnung des Rheines als bicornis und vvidus siehe weiter unten!

quaelibet distantia de loco ad locum habeat. Primum facile ex Compasso, ut vulgo vocant in Oceano deliniato deprаehendes. Alterum hac norma colligere licebit. Duorum locorum diducto circino interuallum cape, ac ita inuariato, his applica scalis,. et spacium inclusum miliariorum numer. ostendet. At cum apud omnes hujus tractus Incolas non aeque magna reperiantur miliaria sed diuersa, sunt enim Heluetica et Vuestfalica miliaria, quae semi duabus horis absolui nequeunt. Rhenensibus et communibus productiora, quaedam vero his contractiora, quam diuersitatem in unaquaque regione obseruare oportet, et in his quoque Scalis. Cum Caesa. Maiest. gratia et priuilegio ad decennium Coloniae Agrippinae apud *Caspa. Vope.* M. D. LVIII.«

Die dritte Legende, rechts oben, lautet:

»Lectori cand. *Caspar Vop.* S. Quem priscae gentes Lect. Cand. hoc in tractu situm, ac loca Romanorum olim cladibus insigniora obtinuerint, rite perlustranti hunc Bicornis Rheni tractum, nunc primum integre a me in lucem aeditum, omnia hujus descriptionis loca ordine se sub oculos ponent. Sed paucis, infra latius hujus tractus diuisionem aduerte. C. Julius Caesar Galliam omnem Comatam videlicet (Narboonensi Romanorum olim provincia, Braccata dicta, quae et Gallia Gothica seclusa) tres in partes diuisam refert, quarum vnam incolunt Belgae, qui Oceano, Rheno, Matrona et Sequana, fluminibus includuntur, Aliam Aquitani, Tertiam Celtae, Romana lingua Galli dicti, Quorum omnium fortissimi sunt Belgae. Hij praecipue, qui a Germanis orti, Rhenumque qui Galliam a veteri Germania dirimebat, antiquitus traducti propter loci fertilitatem ibi consedere. Gallosque, qui ea loca incolerent, expulere. Horum tractus in Germaniam superiorem, Barbaricis cladibus notam, Mosellaque amne non incelebri ex Vosago monte scaturiente, ab inferiori discriminatam, et Germaniam inferiorem. Agrippina, quam ante Caesaris in Gallias adventum excisam refert Am. Marcelli. lib. 16. Item Belgicam primam, Mediomatricos praetendentem et Treuiros, domicilium principum clarum, divisus est et Belgicam secundam, Ambia, Cathelau. et Remos continentem. Haec de Germaniis sinistrae Rheni ripae adherentibus. Nunc de veteri Germania, dextrae Rheni ripae incumbente, quam totius per vniuersam fere Europam nobilitatis propagatricem esse multorum scriptorum historiae testantur, si Britannias, Galliam, Italiam, Hispaniamque spectes. Hispanorum nanque reges sese a Gothis Germanis originem ducere in hunc usque diem jactuant, hocque veluti splendidissimo titulo antiquitatem nobilitatemque suam venditant. Hac de re D. Alfonsum de Carthagena Episcopum Burgensem in Regum Hispanorum peroratione lege. Item et Gallorum reges prosapiam suam in Germanos

Francos rejicientes denominationem in hodiernum usque diem retinent, Francorumque titulo gaudent. Pari quoque ratione et de Britanniarum, nunc Anglorum regibus videmus etc.«

Der Karte hat Vopell, wie Quad schreibt, »ein besundere Relation über die Tafel mit angehenckt.« Dieser Text ist auf 3 Blatt, in je 2 Sektionen, separat gedruckt und das Ganze mit einer zum Kartenbilde passenden Randleiste versehen. Auf dem Schweriner Originale ist aber dieser Textstreifen so ungeschickt aufgeklebt, dass er die untere Randleiste der Karte fast gänzlich bedeckt, auch an den Enden, rechts und links, über die Enden der Karte weit hinausragt, wodurch das Gesamtbild sehr beeinträchtigt wird.

Die monumentale Schönheit der Vopell'schen Rheinkarte kommt erst voll zur Geltung auf dem photolithographischen Facsimile, welches ich in dem Kunstverlage von Carl Griese-Hamburg in Originalgrösse habe herstellen lassen. Durch geschickte Übertragung auf den Stein hat der Litograph den untern Kartenrand freigelegt und den Textstreifen so, wie es Vopell beabsichtigt hat, dem Kartenbilde und dessen Umrahmung angepasst.*)

Von diesem Facsimile geben wir hier als Tafel 4 eine sehr verkleinerte Reproduktion, die nur den Zweck haben kann, den Typus des Originales deutlich vor Augen zu stellen und dadurch vielleicht zur Auffindung noch weiterer Kopien der Vopell-Karte als die weiter unten aufgezählten, zu führen.

Der Eindruck, den man von dieser Riesenkarte Vopells sofort empfängt, ist der, dass sie wie Quad sagt, ein »Werk dicht und voller Arbeits« ist. Seine Quellen entstammen sogut dem klassischen Altertume wie seiner Mitwelt, denn er wollte zugleich zeigen, wie die Besitz- und Bevölkerungsverhältnisse sich seit alter Zeit geändert haben; und »zur leichteren erkenntnis,« wie Quad sich ausdrückt, »wurden die antiquischen Namen der Örter und Völker, sowohl als die heutigen mit verschiedener Art Lettern angezeigt.«

Was aber Vopell in einer Legende selber hervorhebt und mit Recht sein ganzer Stolz war, das ist die Darstellung des ganzen Rheinlaufes in einem einzigen, zusammenhängenden Kartenbilde. Ist der Anblick einer solchen Karte nicht selbst für uns wie die Befriedigung modernster Wünsche, wenn wir in unsern Atlanten vergebens nach der einheitlichen Darstellung eines grösseren Flussgebietes

---

*) Dieses Facsimile in 2 Blatt, die zum Zusammenkleben eingerichtet sind, habe ich in wenigen Exemplaren abziehen lassen, die von mir zum Selbstkostenpreise von ℳ. 0,50 für das Doppelblatt, abgegeben werden.

suchen! Freilich für die später aufkommenden Atlanten war sie ihrer Form wegen nicht geeignet, sie blieb Einzelkarte und hat als solche, meist unter fremdem Namen, noch lange Zeit Triumphe gefeiert.

Herrlich tritt der Vorzug der Vopell'schen Rheinkarte hervor, wenn man beispielsweise *Sebastian Münsters* Rheinkarten damit vergleicht, der in den ersten Ausgaben seines Ptolemaeus den ganzen Rheinlauf in 5 Sektionen darstellt, die aber der verschiedenen Orientierung und Masstabes wegen nie dazu bestimmt waren, ein einheitliches Bild des Rheinlaufes zu geben.

Auf die »integra descriptio« konnte unser Vopell mit Recht stolz sein, und auf ihr beruht gewiss in erster Linie das gewaltige Ansehen der Karte, das, wie wir sehen werden, anderthalb Jahrhunderte lang zu sklavischen Nachbildungen derselben Veranlassung gegeben hat.

Auch dass schon 3 Jahre nach der ersten Auflage von 1555, welche nach dem Kölner Rats-Protokoll dem Autor ein Geschenk von 8 Talern seitens des Rates einbrachte, eine neue Auflage nötig wurde, spricht für das Ansehen, welches die Karte schnell erworben hatte.

Aber Vopell starb bald darauf, im Jahre 1561; und da die Holzstöcke zu seinen Karten, wie Quad sagt, unverständigen Erben zufielen, die Vopells Lebensarbeit nicht zu schätzen wussten, so hatten die Plagiatoren leichtes Spiel und stachen seine Karten nach; nur in Ausnahmefällen, wie wir unten sehen werden, wurde die Autorschaft Vopells dabei zugestanden.

Wir haben uns wohl zu denken, dass Vopells Karte und deren Nachbildungen für Reisen im Rheingebiete sehr begehrt waren; die Hauptflussläufe treten schon in dem kräftigen Holzschnitte Vopells markig hervor, auch betreffs der kleinen Zuflüsse beschränkt er sich auf die wichtigern, die er ebenfalls mit kräftigen Linien eingetragen hat, während die gleichzeitigen Rheinkarten andrer Autoren, wie Mercators, die übrigens immer nur Territorialkarten sind und kein Rheinbild geben, durch gewissenhafte Eintragung auch der kleinsten Flussläufe für den praktischen Gebrauch als Reisekarten mehr störend wirken mussten.

Dass der Vopell'sche Typus für lange Zeit sich immer mehr als Verkehrskarte eingebürgert hat, dafür scheint auch der rein äussere Umstand zu sprechen, dass die Flussrinnen, die schon bei Vopell breit angelegt sind, in den späteren Nachstichen immer breiter werden und z. B. bei Kilian (siehe weiter unten) das Rheinbett schon im Mittellaufe, wie auch das Moselbett die unförmliche Breite von 7 mm aufweist und ganz nach Art moderner Panoramen allerlei charakteristische Fahrzeuge in den Flussläufen sich eingezeichnet finden.

Während die Legenden nach damaliger Sitte in lateinischer Sprache abgefasst sind, ist der unten angehängte Text deutsch gegeben und in Fraktur-Schrift ausgeführt mit der Überschrift: »Kurtze Beschreibung des gantzen Rheinstromes mitsambt den infliessenden wassern, alten Völckern herkompst, Sietz und verenderung biss auff diese zeyt.«

Nachdem dann einleitend die Wichtigkeit der Donau und des Rheines als der zwei bedeutendsten deutschen Flüsse hervorgehoben ist, die in der Vorstellung des deutschen Volkes ein eng verbundenes Paar, wie Mann und Frau, bildeten, geht der Verfasser über zur nähern Beschreibung des Rheinlaufes und seiner Nebenflüsse, einiger Städte und der im Gebiete angesiedelten Volksstämme, nach Art der Kosmographen von den Vorstellungen des Ptolemaeus anhebend.

Ich lasse nun diejenigen Rheinkarten folgen, welche mir als Nachbildungen der Vopell'schen bekannt geworden sind. Da ich nur einige Bibliotheken auf den Besitz einschlagender Blätter habe sondieren können,*) so unterliegt es kaum einem Zweifel, dass bei weiterer Nachforschung noch andere Nachbildungen sich finden werden. Diesem Zwecke soll hauptsächlich die beigegebene stark verkleinerte Kopie der Karte Vopells dienen.

1. *Gerardus de Jodes* Rheinkarte; ohne Ort, 1569 (Antwerpen). [Grossherzogl. Bibl.-Schwerin; Öffentl. Bibl.-Dresden.] Grösse 126,7 $\times$ 31 cm; Kupferstich.

Die lateinische Überschrift von Vopells Karte ist durch Jode wörtlich übernommen, einschliesslich der Worte »Autore Caspare Vopelio M.« Jode lässt also dem Vopell alles Recht widerfahren; die Überschrift läuft aber bei Jode unterhalb der Karte, über den 12 Sektionen des gesondert gedruckten Textes entlang. Der Text selber ist eine wörtliche lateinische Übersetzung des deutschen Vopell-Textes, nur bricht er (wegen Mangels an Raum?) früher ab. Ebenso sind die wenigen Legenden kürzer gefasst als bei Vopell. Eine

*) Die Bibliotheken, über deren Kartensammlungen ich für vorliegenden Zweck genügend orientiert zu sein glaube, sind in Berlin die Königl. Bibliothek und die der Gesellschaft für Erdkunde; in Breslau die Stadt-Bibliothek; in Dresden die Königl. Öffentliche Bibliothek; in Frankfurt a/M. die Stadt-Bibliothek; in Göttingen die Universitäts-Bibliothek; in Hamburg die Commerz- und die Stadt-Bibliothek; in Köln die Bibliothek des Historischen Museums; in München die Königl. Hof- und Staatsbibliothek sowie die Armee-Bibliothek; in Schwerin die Grossherzogliche Bibliothek; in Paris die Bibliothèque Nationale und in London die des British Museum.

derselben enthält die Worte »Inferioris Qermaniae pars .... excudebat *Gerardus de Jode.«* Unter dem Wege-Masstabe wiederholen sich die letzten Worte mit dem Zusatze »Anno Dom. 1569.«

2. *Franz Hogenbergs* Rheinkarte, ohne Ort und Jahr (Köln, wohl gegen 1590). [Michow-Hamburg].

Ein sehr zierlicher kleiner Kupferstich, Taschen-Ausgabe der Vopell'schen Karte, 51,6 $\times$ 21 cm einschliesslich des oben und unten eingravierten Textes; ohne letzteren beträgt die Höhe nur 14,5 cm. Masstab ca. 1 : 1500000.

Hogenberg hat sich bemüht, das Vopell'sche Rheinbild in dem sehr viel kleineren Raume ohne wesentliche Änderung unterzubringen, nur wo die Namen sich allzusehr häufen, sind einige unbedeutendere Ortsnamen fortgelassen, im übrigen ahmt er die Situation und die Schriftformen Vopells getreu nach.

Ein oberer Text, kartuschenartig eingerahmt, beginnend: »Rhenus amoenissimus Germaniae fluvius ....« und viel kürzer als der Vopell'sche Text, trägt als Überschrift den langen Kartentitel Vopells, ebenfalls in Majuskeln, wörtlich mit allen Abkürzungen, ersetzt aber das »AVTORE C. VOPELIO« durch »AVTORE FRANCISCO HOGENBERGO«.

Der untere, einfacher eingerahmte deutsche Text in stark verschnörkelter gotischer Kursivschrift, in 4 Zeilen den unteren Kartenrand begleitend, beginnt mit den Worten: »Rhenus, der Rhein ein berümpt Fluss Germanie ...« Legenden enthält das Kartenbild keine, ist aber sorgfältig koloriert.

Vorliegende Hogenberg'sche Karte erwarb ich mit einem Ortelius-Atlas, dem sie als Einzelkarte hinten eingeklebt war;*) sie findet sich aber auch, und ist wahrscheinlich für diesen Zweck gestochen worden, in:

D. *Bernardi Molleri* Monasteriensis: Rheni a primis fontibus usque ad Oceanum Germanicum Descriptio. Ed. II. Coloniae Agrippinae apud Petrum Haack, Anno Domini 1596; 320 pp. 8°. [Stadt-Bibliothek Hamburg].

Mollers Schrift enthält zunächst als Vorrede eine Widmung an den Bischof von Osnabrück und Paderborn, Grafen von Hoya, seinen Landesherrn und Mäcen, datiert vom 26. September [VI. Cal. Oct.] 1570, in welchem Jahre die 1. Ausgabe dieser Schrift, ohne Karte, erschien, dann ein Prooemium in lateinischen Versen und eine ebensolche Elegia ad Autorem etc. per Ernestum Steuermann. Dann folgt

*) Auch Kopien dieser Karte stehn Interessenten für 3 ℳ zur Verfügung.

eine Beschreibung des Rheinlaufes mit allen wichtigen Ort- und Landschaften in 6 Büchern, und zwar in der Weise, dass jedes Buch zunächst eine nüchterne Prosa und dann ein schwungvolles lateinisches Poëm bietet; alles aus der ersten Ausgabe von 1570 übernommen.

Die 6 Bücher behandeln den Rheinlauf in folgenden Abschnitten: 1. von der Quelle bis Confluentia superior (Coblenz an der Aarmündung); 2. von der Aarmündung bis Manheim; 3. von Manheim bis Confluentia inferior (Coblenz an der Moselmündung); 4. Coblenz bis Cöln; 5. Cöln bis Wesel; 6. Wesel bis zum Ozean.

Unsere zweite Ausgabe trägt auf dem Titel den Zusatz: »Hac nova editione de integro recognita et multis locis emendata. Cui nunc primum adjecta est tabula GEOGRAPHICA Provinciarum, per quas Rhenus delabitur, elegantissime in aes incisa.«

Der Verlag der Moller'schen Schrift war nämlich inzwischen aus den Händen des *Joannes Birckmann,* bei dem sie 1570 erschienen war, in die des *Petrus Haack* übergegangen, und der neue Verleger dachte gewiss durch Zugabe der hochgeschätzten Vopell'schen Rheinkarte dem Vertriebe jener Schrift neuen Aufschwung zu geben.

Dass Hogenberg die Karte ausdrücklich für Mollers Schrift gestochen habe, lässt sich freilich nicht nachweisen, da Hogenberg bereits im Jahre 1590 gestorben ist und die zweite Auflage jener Schrift erst 6 Jahre später erschien; immerhin spricht dafür aber doch das zierliche kleine Format der Karte, da alle sonstigen Nachbildungen der Vopell'schen Rheinkarte, die wir bis zum Anfang des 18. Jahrhunderts nachweisen können, ungefähr den Masstab des Originales beibehalten und nur zwischen 1 : 550000 und 1 : 450000 schwanken, während Hogenbergs Karte etwa dem Masstabe 1 : 1500000 entspricht.

Die Beibehaltung der Vopell'schen Bezeichnung des Rheines als »bicornis« bei Hogenberg, was sich auf die Gabelung des Rheines vor seiner Mündung in den Waal und Leck bezieht, könnte gegen unsere Meinung zu sprechen scheinen, da das 6. Buch der Moller'schen Rheinbeschreibung folgende Überschrift trägt: »Liber Rheni Sextus a confluente Rheni et Lippiae usque ad Oceanum Germanicum: in quem Valis, Leca et Isola tria Rheni se coruna exonerant« und unmittelbar darunter wiederholend als besondere Überschrift des Prosateiles (s. oben!): »Argumentum in librum Rheni Sextum a Vesalia usque ad Oceanum, in quem Valis, Leca et Isula tria Rheni cornua sese exonerant«*).

*) Hiernach ist die Erklärung des tricornis, wie ich sie in der Hamburger Festschrift von 1892, p. 11 ohne Berücksichtigung der Yssel gab, nicht stichhaltig. Auch konnte ich damals, weil die Vopell'sche Originalkarte noch nicht bekannt war, nicht wissen, dass die ursprüngliche Bezeichnung bei Vopell „bicornis“ lautet.

Hierzu würde die Bezeichnung des Rheines als tricornis freilich besser passen, wie sie der nächste Plagiator *de Bry* (s. weiter unten!) auch wirklich anwendet, dieser aber vielleicht nur um den Schein der Selbständigkeit zu retten, doch vergleicht man mit jenen differierenden Überschriften die Textbeigaben bei Vopell und Hogenberg, dann erscheint jene Differenz durchaus irrelevant, denn Vopell sagt in seinem Texte von dem Unterlauf des Rheines » . . . und zertheilet sich im Land von Cleve oberhalb Zolhuis in den Wahal und Lech und lauffen bede in das Teutsche Meer. Der drit Arm die Ysel genamt laufft zum Norden in die Suider See«; und Hogenberg schreibt zum Schluss seines unteren, deutschen Kartentextes die mitgeteilten Worte genau ab, wiederholt dieselben im oberen lateinischen Texte in Übersetzung also: »(Rhenus) . . . . apud Clevenses in Wahalim, hoc est den Vaal, & Isalam, nunc die Ysel, nec non in Lecum, id est den Lech, divisus . . in Oceanum Germanicum effunditur,« Die lateinische Wiedergabe scheint sogar der Überschrift von Mollers 6. Buche genau angepasst zu sein.

3. *Theodor de Brys* Rheinkarte von 1594 [Öffentl. Bibliothek Dresden, Armee-Bibliothek München, beide mit Text und datiert; Commerz-Bibliothek Hamburg und 2 Exemplare auf dem British Museum, London, alle 3 ohne Text und Datierung.] Kupferstich 119 × 32,5 cm, entspricht einem Masstabe von ca. 1 : 550 000.

Das Kartenbild trägt nur folgende Legende, in einer Kartusche rechts oben: Benevole lector, haec tabula eo praecipue fine facta est, ut tum Rheni amoenitas tu(m) urbes ad eum sitae oculis specta(n)tium subjiciantur. Itaque si quid in dimensionibus erratum est, excusabis, quod urbes aliqua magnitudine fueru(n)t delineandae et ad vivum exprimerentur. Autore *T. de Bry*.

Die beiden ersten von den oben zitierten Exemplaren dieser Karten haben, separat gedruckt und unten dem Kartenbilde angeklebt, eine nur sehr kurze Beschreibung des Rheinstromes mit der nur wenig von der Vopell'schen abweichenden Überschrift: »Rheni tricornis et widi*) nova et germana descriptio, additis . . . . . et recens edita a *Theodoro de Bry* Leodiensi.

*) Wegen der Beschreibung des Rheines alt tricornis siehe oben bei Hogenbergs Karte! Etwas seltsamer mutet einen das andre Adjektiv an, welches hier widi, bei Vopell und Hogenberg vvidi geschrieben wird. Es scheint keine andre Deutung übrig zu sein, als dass es das Adjektiv uvidus ist, obwohl dies in allen mir bekannten Belegstellen doch nie vom Wasserreichtum eines Flusses, sondern von einem Lande gebraucht zu sein scheint, das vom Wasser des Flusses durchtränkt, also feucht ist.

Diese auf 3 Sektionen verteilte Beschreibung ist dann wiederholt auf ebenfalls je 3 Sektionen in französischer und in deutscher Sprache. Über sämtliche 9 Sektionen, die ohne Randleiste gedruckt sind, hinlaufend findet sich folgende Widmung:

AMPLISS. VIRIS NOBILITATE, PIETATE, PRVDENTIA, RERVMQ. VSV CLARISS. DD. COSS. ET CONSVLARIB. INCLYTÆ REIPVBLICÆ FRANCOFVRDIENSIS AD MOENVM, DD. ET FAVTORIB. SVIS SUBMIS. COLENDIS, HANC NOVAM RHENI FLVVII DESCRIPTIONEM, GRATIVDINIS ERGO: D. D. D.
THEODORVS DE BRY Leodiensis, apud Remp. Francofurdiensem Civis & Calcographus. Anno M. D. XCIV.

Dieselbe Karte, von denselben Platten gedruckt, erscheint, wohl nur wenige Jahre später, in einer andern Ausgabe, welche in der Autor-Kartusche hinter »Autore T. de Bry« den Zusatz führt: »*Peter Overadt* ex.« [Öffentl. Bibliothek Dresden; Stadt-Bibliothek Frankfurt a/M.]

P. Overadt war Kupferstichhändler und Buchdrucker in Köln und scheint den Verlag der de Bry'schen Karten an sich gebracht zu haben. Weiteres kann das »ex.« hier kaum bedeuten; ob er selber die Kupferstechkunst ausgeübt hat, scheint nicht festzustehen.

Dieser Overadt'schen Ausgabe fehlt naturgemäss die oben mitgeteilte Widmung des Frankfurter Bürgers de Bry und damit auch die Datierung von 1594, obschon de Bry's Autornamen neben der Firma Overadts beibehalten ist. Da aber das früheste mit dieser Firma versehene Blatt die Jahreszahl 1606 trägt,*) so ist unsere Ausgabe der Karte gewiss auch aus dem Anfange des 17. Jahrhunderts zu datieren**).

Der unten angehängte Text ist ebenfalls von der de Bry'schen Karte in allen 3 Sprachen wörtlich übernommen worden, ist aber ein Neudruck, mit breiter Randleiste geziert, die bei der Textausgabe von 1594 fehlt.

4. *Matthias Quad's* Rheinkarte von 1604. [Histor. Museum, Köln]. Grösse 90,5 × 33 cm. Kupferstich auf 2 Platten.

Die von M. Quad in der oben mitgeteilten Vorrede zum Supplementum Europae Vopelianae von 1597 in Aussicht gestellte Neuausgabe der Vopell'schen Rheinkarte hat derselbe hier in ganz andrer

*) s. Firmenich-Richartz, Kölner Künstler, ed. II. p. 461.

**) Dagegen dürfte die Datierung der textlosen Londoner Exemplare, welche der de Bry'schen Ausgabe von 1594 zugehören und durch einen Sachverständigen von 1608 datiert worden sind, kaum zu rechtfertigen sein.

als der dort angekündigten Weise ausgeführt, indem er die Vopell'sche Karte sorgfältig kopiert und diese Kopie als eigne Arbeit ausgegeben hat, auch nicht wie jenes Supplementum bei Wilhelm Lützenkirchen, sondern bei *Johann Bussemacher* hat drucken lassen, denn unten rechts auf dem Kartenbilde steht: »Anno salutis humanae 1604« und daneben: »Coloniae Aprippinae, excusum formis aeneis Jani Bussemachers, Constructore ac incisore Quado.«

Rechts oben auf der Karte befindet sich eine Kartusche mit Widmung an den Pfalzgrafen Friedrich IV. von der Pfalz in folgenden Worten: »ILLVSTRISS. AC POTEN/TISSIMO PRINCIPI ET DOMINO/D. Friderico Quarto Comiti Palatino ad/Rhenum, Sac. Rom. Imperij Archidapifero,/Electori Septemuiro, utriusque Bavariae/Duci, etc. nobilissimi hujus Rhenani tractus/meditullium gubernanti, recentior haec editio/humilimis votis dicata et consecrata est.« Unter der Kartusche ist das Wappen des Kurfürsten mit dem Wahlspruche: »Rege me domine secundum verbum tuum« angebracht.

Texte, oben wie unten, nebst Überschrift sind auf die Platten der Karte eingraviert. Der obere Text, in 6 Sektionen, beginnt: »Rhenus amoenissimus Germaniae fluvius, ab iis ducit originem Alpibus, ubi Adulae conjunguntur eaeque summae sunt Alpes san. Gothardi nomine clarissimae, ubi etc. . . .«

Über diesen oberen Text entlang, nicht von ihm getrennt, läuft in Majuskeln die Überschrift: RECENS ET GERMANA (OLIM BICORNIS, HODIE VERO TRICORNIS) RHENI OMNIVM GERMANIÆ CELEBERRIMI DESCRIPTIO, ADDITIS FLVMINIBVS, ELECTORVM PROVINCIIS, DVCAT. COMITAT. OPPID. ET CASTRIS PRÆCIPVIS.

Der untere Text, wieder in 6 Sektionen und Kursivschrift, beginnt: »Der högste des ganzen Alpengebirgs ist der Gothart, an welchem . . . .«

5. *Jacob von der Heyden's* Rheinkarte, Strassburg 1621. [Bibliothèque Nationale, Paris, 3 Ex.; British Museum, London.] Grösse 123 × 35 incl. Randleiste, ohne dieselbe 123 × 29, Kupferstich.

Die Karte trägt oben links in der Ecke eine Kartusche mit folgender Legende: RHENUS BICORNIS, hoc est, Totius Rheni tractus delineatio cum adjunctis Veterum nominum appellationibus ut et duplici ejusdem origine, triplicique in mare effluxione, Autore Casparo Vopelio math. Argentinae typis Jacobi ab Heyden 1621.

Ausser de Jode ist unser Jacob von der Heyden der einzige, der die Autorschaft Vopells offen anerkennt.

Auch diese Karte scheint mehr als eine Ausgabe erlebt zu haben, denn 2 der Pariser Exemplare haben keinen weiteren Text als Beigabe, sind also wohl im Verlage *von der Heydens* erschienen; hingegen ist dem 3. Pariser sowie dem Londoner Exemplare unten ein eigener Text angeklebt worden, der von 1630 datiert ist. Dieser, auf 8 Sektionen verteilt, beginnt: »Rheinstrom, dess berümbten und herrlichen Flusses eigentliche und wahrhafftige beschreibung . . . .« und schliesst: »durch Jacob von der Heyden. Gedruckt zu Strassburg, bey Peter Aubry Sel. Wittib, im Jahre M. D. C. XXX.«

6. *Wolfgang Kilians* Rheinkarte von 1621. [Öff. Bibl., Dresden, 2 Ex.; Michow, Hamburg]. Grösse 99 × 39 cm, Kupferstich auf 3 Platten.

Diese Karte ist bedeutend kürzer als Vopells, weil sie nicht in der ganzen Länge der letzteren ausgeführt ist; sie reicht nur von Stein oberhalb Basels bis Utrecht, ist sogar in etwas grösserem Masstabe entworfen, etwa 1 : 450000 und zeigt das markige Gepräge des Vopellschen Holzschnittes auch als Kupferstich, und zwar noch kräftiger, die Flussbetten, wie schon oben einleitend gesagt ist, von auffallender Breite. Sie trägt nur oben links in einer Kartusche, in dreifach verschiedener Schrift (2 Zeilen Antiquamajuskeln, 2 Zeilen Kursiv und 2 Zeilen Fraktur) die Worte: »Nova totius tractvs Rhenani, e conatibvs/ Geographicis Wolfgangi Kiliani, descriptio. MDCXXI./ Newe beschreibung dess grösten teils dess Rhein stroms.« Rechts unten in der Ecke unter dem Meilen-Masstabe stehen noch die Worte: »Wolf. Kilian excudit.«

Ein Text ist nicht beigegeben; auf einem der beiden Dresdner Exemplare finden sich hinten aufgeklebt die 3 französischen Sektionen des de Bry'schen Textes (s. oben!).

7. *Hans Jacob Schellenbergers* Rheinkarte von 1685. [Geogr. Institut der Univ. Göttingen]. Kupferstich auf 3 Platten, Grösse 126,8 × 32 cm; ohne Textbeigabe. Ausserhalb des Kartenrandes, unterhalb der Mitte stehen die Worte: »Hans Jacob Schellenberger sculps. in Nürnberg 1685«; auf der Karte selbst oben rechts die Titelkartusche mit den Worten: »Vollstängige Carte des gantzen Rheinstroms« in gotischer Kursivschrift.

Die Karte ist ein sklavischer Nachstich der de Bry'schen Rheinkarte, in Situation, Orthographie und Schrift; aber ein ganz neuer Stich.

8. *Christoph Riegels* Rheinkarte von 1688. [Hof- und Staatsbibliothek, München].

Diese Karte ist von denselben 3 Platten gedruckt wie die vorige, da sie aber Schellenbergs Namen verschweigt, führen wir sie als neue Nummer auf.

Sie trägt auch dieselbe Titelkartusche, nur Schellenbergs Name ist getilgt und dafür, ebenfalls in Kursiv eingraviert: »Nürnberg zu finden bey Cristoph Riegel 1688.«

9 *David Funck's* Rheinkarte, Nürnberg, (ohne Jahr). [Öffentl. Bibliothek, Dresden; Michow-Hamburg.]

Es ist die Kilian'sche Karte, von dessen Platten abgedruckt, nur ist die Kartusche mit Kilians Autornamen durch eine im Stile des 18. Jahrhunderts umgeänderte Kartusche ersetzt worden. Dieselbe trägt folgende Worte:

NOVA TRACTUS TOTIUS RHENI. T. (sic!)

und darunter in Fraktur: »Oder Neue beschreibung des Rhein-Stroms zu finden bey David Funck in Nürnberg.«

Da David Funck in Nürnberg zu Anfang des 18. Jahrhunderts lebte, so dürfte dieser Nachdruck — ca. 150 Jahre nach Vopells Tode — wohl der letzte Versuch gewesen sein, das Vopell'sche Kartenbild zur Geltung zu bringen und auszunutzen.

Wir glauben durch diese Zusammenstellung von Rheinkarten verschiedenster Zeiten einer zukünftigen Geschichte der deutschen Kartographie Vorschub zu leisten, indem wir an Stelle vieler örtlich und zeitlich zerstreuter Kupferstecher und Verleger an die Spitze dieser Kartensammlung den Namen des einen Mannes setzen, dessen Talent und Fleiss anderthalb Jahrhunderte hindurch von Andern ausgebeutet werden konnte.

Nachschrift.

Während vorstehende Abhandlung bereits fertig gesetzt ist, erhalte ich von Dr. *W. Ruge* aus Leipzig die sehr erfreuliche Nachricht, dass er im weiteren Verlaufe seiner literarischen Sammelreise (siehe vorstehend unter Vopells Rheinkarte) in der ehemaligen Universitätstadt Helmstedt nunmehr auch die Weltkarte und die Europa-Karte Vopells, wie es scheint in Abdrücken von den Originalplatten, aufgefunden habe. Dieselben datieren aus Antwerpen von 1570 und 1572.

ACKERMANN & WULFF NACHFLG., GOSARDT & GOWA.

Photolithographie v. Carl Griese, Hamburg

Vopell'sche Rhe
(auf beinahe 1/3 der Orig

Hamburg. L. Friede

inkarte von 1558

ginallänge verkleinert.)

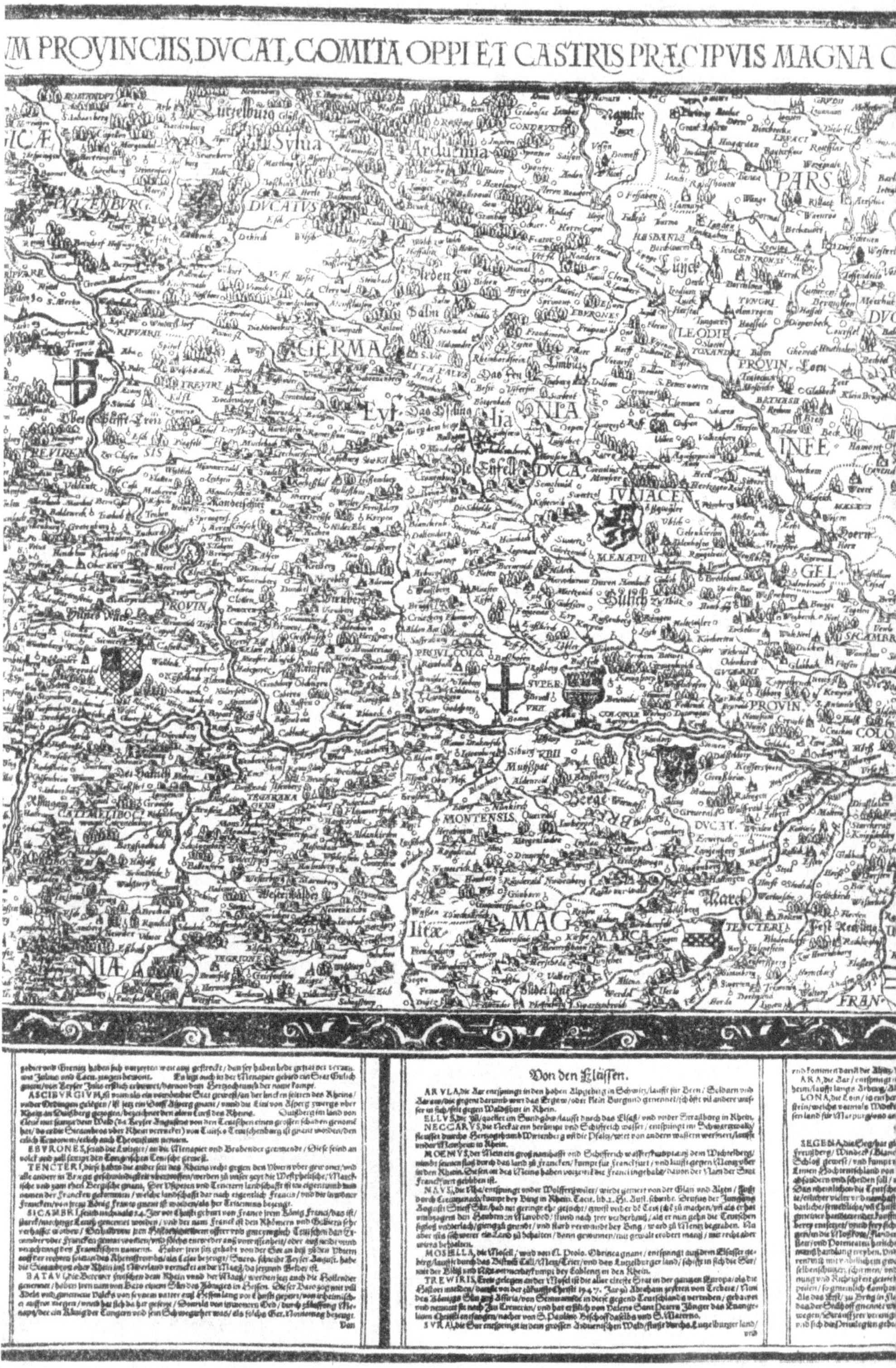

richsen & C° 1903

GENTIA ACSVMPTIB COLLECTA, AVTORE CASPARE VOPELIO MA,
HOL LANDIA
Hollande
TRAIECT PROV.
Die Zuyder Zee
Die Nord Zee
OCEAN
BOREALIS
BATA
Gelder lant
TRANSISALANA
PROVIN.
PARS
OCCIDENT
Vest Friesland

FSC
www.fsc.org
MIX
Papier | Fördert
gute Waldnutzung
FSC® C083411

Zeitfracht Medien GmbH
Ferdinand-Jühlke-Straße 7
99095 Erfurt, Deutschland
produktsicherheit@kolibri360.de